RÉPONSES

DE

M. ESCHASSERIAUX

AUX

LETTRES DE M. LE MARQUIS DE DAMPIERRE

SUR

Le Système de MM. Petit & Robert

SAINTES

Typographie de Mme AMAUDRY, rue de la Comédie, 5

—

1867

1868

RÉPONSES

DE

M. ESCHASSERIAUX

AUX

Lettres de M. le Marquis de Dampierre

SUR LE SYSTÈME DE MM. PETIT & ROBERT

Sur la Préparation des Moûts de Raisin en vue de la Distillation

A Monsieur Barral, Directeur du JOURNAL DE L'AGRICULTURE

Thenac, par Saintes, octobre 1867.

Je viens de lire votre numéro du 20 septembre, où se trouve l'article que M. le marquis de Dampierre consacre à la prétendue invention de MM. Petit et Robert, de Saintes.

Cette levée de bouclier de la part de M. le marquis de Dampierre pourrait paraître, au premier abord, assez singulière à quiconque ne connaîtrait pas le rôle actif qu'il a joué dans les concours en faveur de ces industriels, ainsi que l'influence qu'a eue sur les décisions de la *Société impériale d'agriculture* et de la *Société d'encouragement* le compte-rendu des expériences faites chez lui en 1864. Mais il a été trop personnellement mis en jeu dans les rapports présentés à ces sociétés, il s'est trop fait le garant des mérites du système de mes adversaires, pour ne s'être pas senti directement atteint au moment où de nouvelles expériences vont réduire à néant des prétentions affirmées avec tant de bruit dans la presse depuis quelques années.

Je m'abstiendrai de relever dans ce singulier plaidoyer les insinuations qui me concernent, car je n'ai ni le besoin d'une justification, ni le goût, comme certaines personnes, d'occuper le public de mes actes. Je manquerais cependant à mon devoir si je ne réfutais quelques-unes des erreurs qui fourmillent dans l'article de mon nouvel adversaire.

C'est à la justice que je dois les autres explications, à la justice que je respecte et dont j'attends la décision avec confiance.

Je ne discuterai donc pas ici la valeur d'un brevet qui s'étend à tous les vaisseaux vinaires du pays, aux méthodes les plus anciennement en usage et atteint tout propriétaire dans ses droits les plus naturels, dans la liberté de disposer de sa chose suivant les habitudes traditionnelles. Je ne me défendrai pas non plus d'une accusation de contre-façon d'un appareil dont pas une pièce n'appartient à mes adversaires, qu'on retrouve décrit et dessiné dans l'Atlas d'Armengaud sur les arts industriels, pour des applications diverses, et dont, par une coïncidence bizarre, l'invention et la théorie de fonctionnement sont dues à mon arrière-grand-père, Gaspard Monge, au moment où le pays, levé en masse pour repousser la coalition et manquant de poudre, faisait appel à la science pour se procurer immédiatement du salpêtre.

Je n'ai pas également à signaler ici les contradictions, les tâtonnements, l'absence de méthode et de principes qu'on rencontre dans le brevet et ses additions, ni les causes du peu de succès de la vente des appareils. Il est un fait qui domine aujourd'hui la question, c'est que l'appareil est étranger aux résultats signalés, c'est qu'à la surprise de la première heure a succédé une appréciation plus réfléchie et plus saine des expériences auxquelles on s'est livré, c'est que les mêmes résultats, obtenus par d'autres moyens, n'ont plus laissé de doute, dans l'esprit même des membres les plus favorables des Comices, sur les principes à l'application desquels étaient dus ces avantages.

Ces principes sont ceux dont les pays producteurs d'eau-de-vie doivent la découverte à un viticulteur distingué de la Gironde, à M. Delavau, qui le premier a indiqué, en 1821, le moyen de faciliter la fermentation des moûts très riches en sucre, et d'obtenir de ces moûts un rendement alcoolique proportionné à leur richesse saccharine.

« Aucun auteur, a-t-il dit, à la page 132 de son ouvrage (1), après avoir parlé des conditions de la fermentation, n'a pensé aux moyens qu'il convient d'employer pour corriger un moût trop chargé d'éléments saccharins, quand l'agriculteur ne veut pas faire un vin de liqueur, mais seulement des vins pour la chaudière.

« Ce moyen a été employé sur le moût du Roussillon, marquant 14 1/2 degrés au gleuco-œnomètre.

« Il fut additionné, comme nous l'avons dit, d'une quantité d'eau égale, et pesa encore 8 3/4 au même instrument.

« Ce moût, additionné d'eau, fermenta très bien, et son produit à la distillation fut d'un tiers plus considérable que le produit du vin fait avec le moût laissé à 14 1/2 degrés, c'est-à-dire pur et sans mélange. »

Ainsi, dès 1821, cet auteur avait constaté, par cette addition d'eau au moût, une prompte fermentation et un excédant de rendement de 33 p. 100. Il avait reconnu ailleurs la qualité supérieure de l'eau-de-vie provenant de ce mélange. Les viticulteurs savent aussi, par une longue expérience, que l'eau-de-vie est meil-

---

(1) Observations sur l'appareil vinificateur de Mlle Gervais, suivies de réflexions sur l'opuscule de M. Gervais, par F. Delavau, propriétaire. In-8°, Bordeaux, Pierre Beaume, rue du Parlement, 39, 1821.

leure dans les années pluvieuses, où la glucose se trouvait mêlée dans le raisin à beaucoup d'eau.

En 1824, le chimiste Dubrunfaut (1) a confirmé les mêmes principes et prouvé par trois expériences comparatives, dont il a donné les résultats, que la fermentation du moût abaissé est d'autant plus prompte et le rendement alcoolique d'autant plus grand qu'il a été employé une plus grande quantité d'eau. Ce savant avait connu les travaux de M. Delavau, dont il a apprécié avec éloge toute la portée ; mais, au lieu de s'arrêter comme lui à 8 3/4 degrés, il a indiqué la limite utile de l'abaissement des moûts entre 5 et 6 degrés de l'aréomètre de Baumé.

En 1828, M. Lenoir, dans un ouvrage (2) très estimé

---

(1) *Traité complet de l'Art de la Distillation*, par Dubrunfaut. 2 vol. in-8°; Paris, Bachelier, libraire, 1824.

(2) *Traité de la Culture de la Vigne, de la Vinification*, etc., par B.-A. Lenoir, ouvrage accompagné de 8 planches. Paris, Rousselon, libraire-éditeur, 9, rue d'Anjou-Dauphine, in-8° de 618 pages, 1828. C'est évidemment à M. Lenoir que le comte Odart fait allusion dans son *Manuel du Vigneron*, 2e édition, Paris, 1845, librairie agricole de la Maison rustique, quai Malaquais, lorsqu'il dit, page 263, au chapitre de la vinification et au sujet de l'addition de diverses matières dans la cuve :

« Il est encore une substance bien facile à trouver et la moins
« coûteuse de toutes, dont on a conseillé l'addition, c'est celle de
« l'eau dans les moûts souvent trop épais et trop sucrés du midi.

et souvent cité par les auteurs contemporains, est entré dans de plus grands développements sur cette question : Les découvertes de M. Delavau sur les moyens de favoriser la fermentation des moûts qui pèchent par excès de densité, de les préparer à une complète fermentation et d'en obtenir un rendement en rapport avec leur richesse, l'avaient surtout frappé. Aussi est-il revenu sur cette question importante à quatre reprises différentes dans le cours de son ouvrage et dans les termes les plus flatteurs pour celui qui en avait découvert la solution. M. Delavau est pour lui « un œnologue très distingué, » ailleurs il regrette de « n'avoir pas l'avantage de le connaître, mais il lui paraît l'un des hommes qui peuvent contribuer le plus à l'avancement de la science œnologique ; » plus loin, « il se sent encouragé par l'exemple d'un œnologue qui réunit la pratique à la théorie (union fort rare) ; » enfin il le considère comme « l'un des cultivateurs de la vigne les plus éclairés. »

C'est un jugement que l'avenir ratifiera.

Après avoir signalé les lenteurs et les difficultés de fermentation des moûts trop denses, M. Lenoir consacre tout un chapitre au moyen de la favoriser.

« Un auteur d'une instruction très étendue et d'une grande sagacité « s'appuie du sentiment de M. Delavau, de Bordeaux, pour le « recommander. Je penche assez vers cet avis..... »

Voici en quels termes il s'exprime, page 212 :

« C'est, je crois, M. Delavau qui, le premier, a eu le courage de braver le ridicule qui pouvait être attaché au conseil d'ajouter de l'eau dans le moût trop dense pour faciliter sa fermentation et obtenir par là une plus grande proportion d'alcool. Il n'a donné ce conseil que pour les vins qu'on destine à être distillés, etc. »

M. Lenoir propose quelques moyens nouveaux ; puis, examinant plus loin celui de M. Delavau, il ajoute :

« Il est constaté, par une foule d'expériences sur des moûts artificiels, que plus la matière sucrée est délayée, plus elle fermente rapidement et plus elle produit d'alcool. Une expérience spéciale sur les moûts de raisin, citée par M. Delavau, prouve que ce moût de raisin se comporte comme tous les autres. Celui qu'on avait additionné d'eau par moitié a donné plus d'eau-de-vie et de meilleure qualité qu'avant l'addition.

« Il ne peut donc rester aucun doute sur l'efficacité de ce moyen. Le seul inconvénient qu'il présente, c'est l'augmentation de volume et de poids, qui nécessite plus de vaisseaux vinaires et des frais de transport plus considérables.

« Mais cet inconvénient n'existe plus lorsque la distillation se fait sur le lieu de production, et, dans tous les cas, il serait compensé par une augmentation dans le produit définitif.

« Quant à l'augmentation de volume à distiller, c'est un faible inconvénient dans le système de distillation aujourd'hui en usage, et celui-là serait encore compensé par la meilleure qualité de l'eau-de-vie qu'on obtiendrait.

« Quant à la proportion d'eau à ajouter, elle doit nécessairement varier comme la densité des moûts; il s'agit seulement de ramener cette densité à 10 degrés de l'aréomètre de Baumé... L'addition d'eau est donc le moyen le plus simple et le moins coûteux... »

Il est difficile d'exposer plus nettement les principes et les résultats qu'on doit retirer de leur application.

Les auteurs ont pu varier au début sur le degré de densité le plus favorable à la complète fermentation des moûts, mais la pratique et la science sont aujourd'hui d'accord pour fixer la limite de 6 degrés.

C'est de la méthode d'abaissement des moûts trop denses que résulte tout l'avantage qu'on a si bruyamment exploité.

L'exposition de ces principes, lors des débats judiciaires de Saintes, a placé cette question sur son véritable terrain. La discussion a fait tomber l'échafaudage de MM. Petit et Robert et n'a plus laissé apercevoir derrière ses débris qu'une spéculation d'appareils coûteux, imparfaits et inutiles.

Il a fallu reconnaître que, nul parmi les membres des Comices et des Sociétés qui avaient procédé aux expériences de 1863, ne s'était douté des découvertes de MM. Delavau et Lenoir ; que ces découvertes avaient été ignorées autant de MM. Petit et Robert que de tous ceux qui avaient opéré sur leurs indications, avaient écrit sur leur système ou leur avaient donné des récompenses. Il n'en fallait pas d'autres preuves que l'absence complète de toute allusion à ces découvertes dans les nombreux écrits de MM. Petit et Robert et de leurs partisans, que le silence qu'on y trouve sur le nom de ses auteurs, sur celui même de la méthode, et surtout l'étonnement qu'y provoquent presque à chaque ligne des faits et des résultats publiés depuis 46 ans. Pour quiconque a lu les ouvrages de MM. Delavau et Lenoir, il n'y a évidemment plus lieu d'exprimer sur tous les tons l'admiration et la surprise, de croire à une sorte de découverte miraculeuse, de supputer l'accroissement de la richesse publique et de faire appel à la reconnaissance du pays.

Quiconque aurait connu les découvertes de ces œnologues n'aurait jamais partagé l'émotion qu'on retrouve sous la plume des divers rapporteurs qui ont décrit les expériences. La promptitude de la fermentation, la supériorité de qualité des eaux-de-vie, l'avantage de 1/8 comparé à celui de 1/3 annoncé par les auteurs et le rendement satisfaisant des moûts abaissés, n'eussent pas été des faits de nature à provoquer chez eux un tel accent de surprise.

Le public a rapproché la découverte de MM. Delavau et Lenoir des résultats obtenus par les expériences faites en 1863 par le Comice de Saintes, chez M. le docteur Menudier, au Plaud-Chermignac, et en a vu la confirmation.

Quels ont été, en effet, les résultats de ces expériences, qui ont porté sur deux masses égales de vendange écrasée et égouttée seulement, chacune d'un poids de 1,500 kilogrammes ?

L'une a été simplement pressée, suivant une méthode dite ancienne, et a fourni 778 litres de moût qui ont produit, en y comprenant le résultat de la distillation du marc, ainsi complétement épuisé, 108 litres 50 d'eau-de-vie à 60 degrés.

L'autre a été traitée suivant les indications de MM. Petit et Robert.

Dans cette dernière masse de vendange exactement identique, qu'y avait-il? Une quantité identique d'eau-de-vie. Mais si, au lieu de 108 litres d'eau-de-vie, on en a extrait 132, c'est qu'évidemment on a fait autre chose qu'une opération d'épuisement de marc, c'est que l'eau n'y a pas été un agent d'épuisement, de déplacement ou d'extraction; car, du reste, malgré des opérations de macération de 14 heures de durée, on a plus tard reconnu, par la distillation directe, que le marc renfermait encore 1 litre 55 d'alcool par 100 kilogrammes ; c'est qu'on n'a réellement fait, sans s'en douter, qu'une opération d'abaissement de moût; les 352 litres d'eau, mis en contact avec les 778 litres de moût que renfermait également cette masse de vendange, ont agi sur la glucose, très abondante en 1863, et ont fait fermenter des molécules de sucre qui, faute d'eau, seraient restées à l'état naturel, auraient produit du caramel sur les parois de la chaudière ou se seraient perdues dans les vinasses. L'augmentation de 23 litres d'eau-de-vie ou de 20 p. 100, fruit de cette fermentation supplémentaire, due à un mélange de 45 p. 100 d'eau, confirme exactement le résultat de 33 p. 100 obtenu par MM. Delavau, avec une proportion d'eau plus considérable.

M. Petit, qui n'agit sur le moût, quelle que soit sa densité, qu'avec une quantité d'eau fixe et insuffisante, égale à 1/8 du volume du moût, pour obtenir un résultat toujours fixe; qui cherche, contrairement à la méthode rationnelle des auteurs, à élever la densité du moût au lieu de l'abaisser, à concentrer le sucre sous un petit volume, au lieu de l'étendre; qui était sans cesse préoccupé de l'idée de créer un moût factice, se rapprochant le plus possible par sa densité du moût de goutte, et à cet égard j'en appellerais à tous ceux auxquels il a exposé son système, si les développements du brevet ne trahissaient à chaque page cette intention; M. Petit, dis-je, ne pouvait évidemment pas se rendre compte de la nature de l'expérience qu'il dirigeait devant le Comice ni du résultat qui devait en être la suite. Aussi, quelle ne fut pas sa surprise, ainsi que me l'assurait dernièrement M. le secrétaire général du Comice, membre de l'ancienne comme de la nouvelle Commission, lorsqu'on constata un excédant de 20 p. 100? Il cherchait seulement l'excédant de 1/8 annoncé et promis, et s'en serait contenté. Il crut à une erreur de chiffres; il refit les calculs et finalement accepta le résultat heureux qui s'était produit et sur lequel il ne comptait pas. Cependant, des doutes avaient dû se glisser dans son esprit, car il fit insérer, à la suite du rapport de la Commission, des réserves au sujet de la quantité d'eau employée, la déclarant plus considérable qu'elle ne devait l'être dans des conditions normales, sans se douter qu'il devait à cet excédant d'eau le résultat inattendu qui avait fait le sujet de son étonnement.

L'expérience faite, en 1864, chez M. Tabuteau, dans la Charente, n'a également été qu'une opération d'abaissement de moût. Cet honorable propriétaire a fait passer sur sa vendange écrasée, d'après un mode et avec un appareil qui n'ont eu aucun effet sur le résultat, une certaine quantité d'eau (110 hectolitres ou le 1/8 environ de sa récolte) qui a ensuite été se mêler à la masse du moût de goutte et de pressurage. Le tout a formé un moût incomplètement abaissé, qui lui a donné un résultat proportionné à l'eau employée, mais qui aurait pu lui donner davantage par la saine application des principes décrits par les auteurs.

M. de la Verny, propriétaire dans le Gers, qui a eu l'inspiration de mettre plus d'eau sur la vendange, a obtenu un résultat meilleur. Chez lui, comme chez M. Tabuteau, l'eau passée sur la vendange écrasée a ensuite été réunie à la masse du moût de goutte et de pressurage, et le tout a été recueilli dans de grands tonneaux, où le mélange s'est opéré d'une façon complète. M. de la Verny, au lieu d'employer de l'eau en raison de 1/8 du volume du moût, comme M. Tabuteau l'avait fait sur les conseils de MM. Petit et Robert, en a ajouté au moût en raison de 1/6 du volume, et a obtenu un excédant de rendement alcoolique de 1/6.

Des expériences semblables, opérées depuis cette époque avec des quantités d'eau plus considérables, ont donné des résultats plus avantageux encore.

C'est ce qui m'a permis d'écrire dernièrement, avec l'approbation de gens très pratiques, que l'eau, versée sur le moût en barrique ou sur la vendange non pressée, n'agit pas en vertu d'autres principes que ceux proclamés par MM. Delavau, Dubrunfaut et Lenoir. Le moût en barrique et le moût existant dans la vendange écrasée, en assez gros volume, et qu'un prompt pressurage en eût fait sortir en grande partie, subissent, au contact de l'eau, les mêmes influences et donne lieu au même phénomène. Dans l'un et dans l'autre cas, l'eau introduite en raison de la densité et du volume présumé du moût, et en quantité suffisante pour l'abaisser à 6 degrés de Baumé, dissout toutes les parties sucrées, les dispose à une prompte et complète fermentation alcoolique, et procure ainsi avec le plus grand rendement alcoolique possible une eau-de-vie de meilleure qualité.

On pourra chercher à expliquer d'une autre manière, on pourra avoir intérêt à attribuer à d'autres causes le phénomène qui se produit dans l'abaissement du moût existant dans la vendange; on pourra apporter, à l'appui de l'explication, des mots plus ou moins sonores, des théories plus ou moins exactes; on pourra opérer suivant des méthodes et des appareils plus ou moins compliqués; mais on ne changera jamais ni le caractère du phénomène physique, ni son résultat, et on ne prouvera jamais que les avantages constatés sont dus à d'autres causes et ont été obtenus en vertu d'autres principes que ceux énoncés depuis longtemps par les auteurs.

Mais s'il s'agit d'épuiser une masse de vendange, le bon sens indique de la débarrasser tout d'abord par un pressurage rapide du moût inutile et gênant qu'elle renferme en abondance, et de n'appeler l'eau qu'à suppléer à l'insuffisance des moyens mécaniques.

On a alors recours, avant la fermentation du marc, aux trois lavages méthodiques enseignés et pratiqués depuis 1858 à la ferme-école de Puilboreau par son habile directeur, M. Bouscasse, et qui ne donnent pas d'eau-de-vie moins bonne que celle des moûts de goutte et de pressurage.

M. Audouard, chimiste de Béziers, avait appliqué (1), avant 1835, dans le but de supprimer les eaux-de-vie provenant de la distillation du marc, l'appareil des trois cuviers macérateurs et leur méthode de fonctionnement (pour lesquels MM. Petit et Robert ont cru devoir prendre un brevet, en 1863), à l'épuisement par l'eau des marcs déjà pressés. Il obtenait l'épuisement complet du marc, un excédant d'un dixième et une eau-de-vie de qualité.

En résumé, il est acquis pour tous les praticiens de ce pays que MM. Petit et Robert, en abaissant incomplètement les moûts, sans le savoir ou vouloir l'avouer, n'obtiennent qu'un résultat incomplet, et qu'en fait d'épuisement de marc, ils n'arrivent pas à un résultat plus satisfaisant par leur système que par la méthode de MM. Audouard et Bouscasse. C'est ce que les expériences prochaines vont de nouveau confirmer.

Voilà pour les précédents de cette question.

(1) *Manuel du Distillateur*, in-12, 4e édition, 1835, page 189, et *Nouveau Manuel du Distillateur*, in-12, 1851, page 281, encyclopédie Roret.

Il me resterait maintenant à examiner quelques-uns des arguments de mes adversaires. On a parlé de récompenses : Quelle présomption peut-on tirer, au point de vue juridique, de cette course aux médailles favorisée par les réclames de la presse, par des prospectus, par des recommandations sollicitées avec ardeur? Que peuvent, contre des faits matériels, des attestations étayées sur des renseignements empreints d'inexactitude et de partialité ? Que pourront, contre les résultats nombreux de la grande expérience à laquelle Comices et particuliers vont bientôt se livrer, ces médailles si généreusement distribuées, tantôt à l'appareil dans les pays du Midi où il est moins connu, tantôt au procédé dans les pays du Nord où l'appareil n'est pas une nouveauté ?

L'honorable docteur Guyot ne pouvait échapper aux attaques. — Il n'avait voulu ni propager l'erreur ni prendre parti pour des industriels qui veulent exploiter les viticulteurs, tiennent les moins hardis dans l'intimidation, et cherchent à spéculer sur des idées, des méthodes et des pratiques qui sont depuis longtemps dans le domaine public. Aux yeux des partisans de MM. Petit et Robert, M. le docteur Guyot était naturellement coupable, malgré toute la bienveillance de langage dont il n'a cessé de donner des preuves à ces derniers, d'avoir fait la lumière sur cette question, d'avoir rappelé les vrais principes, et d'avoir indiqué au pays l'augmentation de produits qui devait résulter de leur application méthodique. Pour les producteurs d'eau-de-vie, l'éminent œnologue s'est acquis un titre de plus à leur gratitude. S'il avait eu connaissance de la note préparée pour la Société de La Rochelle et les Comices de Saintes et de Jonzac, en vue d'expériences nouvelles, son amour du bien public l'eût certainement porté à en approuver le contenu.

M. le marquis de Dampierre se croit en droit d'adresser de gros mots aux Comices qui ont décidé ces expériences. Il serait facile de lui répondre que chacun comprend son devoir et son honneur à sa façon. Dans ces réunions, si les uns ont pensé qu'il est du devoir des Comices d'enseigner au pays les meilleures méthodes de vinification, d'autres ont cru qu'il y a plus d'honneur à avouer dans le passé l'ignorance d'une méthode qu'à en nier plus tard l'existence et à en repousser l'application; qu'il y a aussi plus d'honneur à reconnaître une erreur qu'à y persévérer, lorsque surtout les résultats de cette erreur peuvent séduire le public qui croit aux prospectus, ou être exploités devant la justice. Mais presque tout le monde, dans ces réunions, s'est trouvé d'accord pour mettre au-dessus de questions personnelles la cause du progrès et l'intérêt de l'agriculture; et ceux-là même qui, dans le Comice de Saintes, avaient fait partie de la commission qui a expérimenté, au Pland-

Chermignac, ont été les premiers à soutenir l'utilité de nouvelles expériences.

C'est ainsi que le membre de la Société de La Rochelle, sur le rapport duquel une médaille d'or a été accordée, en 1863, à MM. Petit et Robert, l'honorable M. Seguin, a pris lui-même avec ardeur auprès de la Société dont il est l'un des vice-présidents, l'initiative d'expériences nouvelles. Ces expériences n'ont pas été refusées, comme l'affirme M. le marquis de Dampierre, par la bonne raison que la proposition n'en a pas été mise aux voix devant une réunion, cependant en majorité très favorable.

A-t-on voulu éviter certains rapprochements, ménager certaines susceptibilités? Je l'ignore. Je respecte de pareils scrupules quand ils ne s'adressent qu'à la forme et ne touchent pas le fond; la difficulté a, en effet, été éludée en convenant que les expériences seraient laissées à l'initiative des membres de la Société. Elles vont avoir lieu sous la direction de M. Bouscasse, son président, lauréat de la prime d'honneur de la Charente-Inférieure en 1866, dans la ferme-école de Puilboreau, avec l'assistance d'une commission de dix membres les plus compétents de la Société. En cas d'empêchement, l'honorable M. Emmery, maire de la Rochelle, vice-président de la Société, serait appelé à le suppléer dans la présidence de cette commission.

Le Comice de Jonzac se prépare aussi à des expériences semblables. Le 15 du courant, son bureau général en a arrêté le programme et a nommé la commission qui, sous la direction de l'honorable M. Bonnemaison, son président, également ancien lauréat de la prime d'honneur, doit prochainement procéder aux opérations. Un acheteur de l'appareil de MM. Petit et Robert, l'un des secrétaires du Comice, était venu de quinze lieues pour donner son adhésion à ces résolutions, car M. le marquis de Dampierre ignore sans doute, dans son enthousiasme pour le système de MM. Petit et Robert, qu'il n'est pas le seul possesseur d'un appareil dans l'arrondissement de Jonzac, que d'autres que lui l'ont expérimenté et ne le jugent peut-être pas aussi favorablement.

Mais c'est sur le Comice de Saintes que M. le marquis de Dampierre déverse toutes ses colères. S'il s'était renseigné à des sources moins suspectes de partialité sur ce qui s'était passé dans son sein, il aurait su qu'à la première réunion, peu nombreuse du reste, la petite phalange des partisans de MM. Petit et Robert était au complet, qu'elle connaissait très bien la proposition que devait faire M. le président, qu'elle s'était disséminée dans toutes les parties de la salle pour agir sur les autres membres du Comice, peu au courant du programme du jour, et qu'elle était parvenue très habilement, pendant les deux tiers de la séance, à gagner du temps en portant la discussion sur les questions étrangères à l'ordre du jour. Il aurait appris que ce petit groupe s'était fortifié le matin même d'un nouvel auxiliaire, à la parole ardente, et dont la présence dans le Comice était contraire au règlement; car il n'était ni propriétaire, ni fermier, ni colon dans l'arrondissement. On aurait pu, il est vrai, en compter d'autres dans le même groupe qui ne rereprésentaient pas l'agriculture de l'arrondissement à des titres plus sérieux. C'est en vain qu'à ce petit groupe la grande majorité des propriétaires demandait dans quel intérêt particulier il voulait s'opposer à tout progrès, priver le pays de la connaissance des meilleures méthodes et mettre en un mot la lumière sous le boisseau. Le motif a fini par être divulgué dans l'ardeur de la discussion; il s'est produit dans cet aveu échappé à l'un de ses membres : « *Si vous employez plus d'eau que MM. Petit et Robert, vous obtiendrez plus d'eau-de-vie.* » Cet aveu, quoique très significatif, n'était pas de nature à arrêter les expériences réclamées dans un intérêt public.

M. le marquis de Dampierre a sans doute ignoré qu'à la seconde réunion du Comice, beaucoup plus nombreuse qu'à aucune autre époque, M. Petit a vainement cherché à faire accueillir une protestation et des réserves; qu'abandonné même par une partie de son petit groupe, par ceux qui savent mettre au-dessus des questions de personne ou de parti les questions qui touchent à l'intérêt général, il a entendu le Comice, à la presque unanimité de ses membres, décider de nouveau, sur la proposition de son président, et dans un sens beaucoup plus large que la première fois, que des expériences seraient faites sur le traitement des moûts destinés à la distillation, que les moûts soient dans la vendange non pressée ou dans la barrique, et sur l'épuisement par l'eau des marcs pressés. Il aurait su qu'en nommant les commissaires et en votant les fonds nécessaires à leurs opérations, le Comice leur avait laissé toute liberté d'action dans le choix des autres expériences qu'ils croiraient devoir ajouter au programme.

Les membres de la nouvelle Commission, qui ont figuré dans celle de 1863, ne se croient nullement atteints par les insinuations de M. le marquis de Dampierre, mais ils sentiront, comme tout le Comice, l'oubli qui a été fait des convenances, en jetant dans la discussion, comme déjà MM. Petit et Robert l'ont pris pour leurs prospectus, le nom de M. le baron Oudet, leur ancien et regretté président, dont l'opinion, modifiée par les premiers débats judiciaires, ne différait en rien, au moment où la mort l'a enlevé à l'affection de ses collègues, de celle que le Comice a manifestée par ses dernières résolutions.

Je dois ajouter que M. le marquis de Dampierre

raconte encore à sa façon mes rapports avec MM. Petit et Robert, et voit à tort, dans les prétextes que je prenais pour éluder poliment des offres de service trop pressantes, un désir de ma part de posséder leur appareil. Il décrit, en outre, de la manière la plus inexacte, mes appareils vinaires, dont la forme est antérieure à la naissance de MM. Petit et Robert, et mes méthodes d'abaissement de moût qui ne réclament ni pompe, ni macération, ni déplacement de liquide, et peuvent se pratiquer avec ou sans appareil et n'en exigent aucun spécial. Il travestit surtout de la façon la plus étrange mon dernier entretien avec MM. Petit et Robert. Il pouvait me convenir, sur les menaces réitérées d'un procès, de racheter ma tranquillité par un sacrifice de quelques centaines de francs, au moment où des préoccupations d'une autre nature appelaient ailleurs mon attention; mais il ne m'était pas possible de livrer mon nom à des spéculateurs, de le placer au bas d'un *factum* de quatre pages in-4°, rédigé d'avance par les intéressés, et où se trouvaient consignés la reconnaissance de la validité de leur brevet, l'aveu d'une contrefaçon et l'attestation d'une grande découverte dont le pays ne saurait payer trop cher, par des témoignages de reconnaissance publique et des sacrifices pécuniaires, les conséquences heureuses. Mon nom ne pouvait servir ni de réclame à la dernière page d'un journal, ni de moyen d'inquiéter et de menacer mes concitoyens. J'ai dû opposer à de pareilles exigences un refus qui a déterminé le procès. Voilà la vérité!

Si M. le marquis de Dampierre croit qu'il pouvait être séduisant, pour un député, d'exonérer le pays du tribut réclamé par ces industriels, qu'il me permette de lui répondre qu'il pouvait être également tentant, pour un membre de la Société impériale et centrale d'agriculture de France, de rechercher dans le monde agricole la popularité d'une découverte importante, de se faire aux yeux de tous le protecteur du mérite obscur et méconnu, le soutien du faible contre le fort.

Ce membre ne pouvait-il pas se trouver flatté de se voir d'avance associé par la presse au bruit de cette découverte, d'en présenter les inventeurs à la Société impériale, de leur chercher des patrons dans d'autres sociétés, de les soutenir dans les concours, et de solliciter pour eux des récompenses en se portant partout le garant de leur mérite? N'est-ce pas, en fin de compte, le *sine quâ non* de la vie d'un membre de la Société impériale et centrale d'agriculture de France? N'est-ce pas un séduisant cadeau à faire à ses collègues? Puis l'heure des rapports arrive et l'on se trouve y occuper une place prépondérante qui vous identifie complètement à la découverte.

Le succès est d'ailleurs d'autant plus facile à obtenir, qu'on est éloigné de tout contradicteur, qu'on se porte fort du mérite de l'invention devant les hommes qui, par leur origine, leur résidence, leurs relations et l'objet de leurs études, sont le plus souvent étrangers aux questions de pratique locale sur lesquelles on les sollicite de donner un avis favorable. L'amour-propre s'engage de plus en plus par une sorte de solidarité, et lorsqu'un jour on s'aperçoit que l'édifice habilement élevé va crouler par sa base, on se lance en avant pour en arrêter la chute. On le fait avec un éclat qui ne respecte rien, ni la magistrature, ni les Comices, ni les hommes honorables qui ont rendu à la cause agricole les services les plus signalés.

M. le marquis de Dampierre est habitué aux polémiques, et vos lecteurs n'ont pas perdu le souvenir de celle qu'il a soutenue à l'occasion de la prime d'honneur qui lui a été décernée l'année dernière dans les Landes. Si, sans attendre les expériences des Comices et celles que presque tous leurs membres vont opérer individuellement, il entend continuer la lutte; libre à lui. Mais je dois l'avertir que les ardents d'un certain parti, qui se sont aujourd'hui emparés de l'affaire et cherchent à m'atteindre en s'abritant derrière MM. Petit et Robert, dévoilent trop bien les intérêts et les passions qui les animent, pour que le public impartial soit dupe de leurs menées.

Veuillez agréer, etc.

ESCHASSERIAUX.

SECONDE LETTRE

A Monsieur Barral, Directeur du JOURNAL DE L'AGRICULTURE

Thenac, 12 novembre 1867.

Monsieur,

Je retrouve, après une absence de quelques jours, dans votre numéro du 5 novembre, un nouvel article de M. le marquis de Dampierre que je ne puis passer sous silence. Je dois repousser tout d'abord le reproche d'irritation qu'il m'adresse, et que la modération de ma réponse, comparée à la violence inattendue de l'attaque, suffirait seule à démentir, si elle ne traduisait pas mes sentiments habituels. Mais je laisse de côté cet argument facile, dont je serais plus en droit de me servir moi-même contre mon contradicteur. La magistrature, pour ne s'être pas prononcée comme il l'eût désiré, a déjà subi son premier feu. C'est aujourd'hui le tour des Comices et de leurs Commissions d'expériences. Autant leurs opérations de 1863 sont sans appel et indiscutables, autant les épreuves nouvelles qui doivent jeter un nouveau jour sur la question sont suspectes et sans valeur. C'est tout naturel. Hier encore on désignait nominativement au public les commissaires de 1863, afin qu'il pût mieux juger leur compétence et leur loyauté, que personne, du reste, ne mettait en doute ; aujourd'hui, ces mêmes hommes, depuis qu'ils font partie de la nouvelle Commission, ne sont plus que des inconnus qui s'associent, comme les Comices, à je ne sais quelle comédie peu avouable, et dont la partialité doit ôter toute créance à leur décision.

L'argument était prévu : Demain le pays tout entier sera à son tour déclaré complice de la même capitulation de conscience.

C'est une bien grosse accusation à l'occasion d'une démarche bien simple.

A ce sujet, que M. le marquis de Dampierre me permette de lui rappeler que je n'ai enseigné, en matière de vinification, ni idées, ni méthodes nouvelles, comme il veut bien le dire, que je n'ai attiré l'attention des Comices que sur des méthodes anciennes, connues, décrites, pour les soumettre, dans un intérêt public, à des expériences comparatives qui serviraient en même temps de contrôle aux résultats annoncés.

Cet appel à la vérité n'a rien qui embarrasse et celui de qui il émane et ceux qui ont bien voulu l'accueillir. Il peut déranger certaines combinaisons, froisser quelques amours-propres, faire la lumière là où l'on aurait intérêt à maintenir l'obscurité ; mais il laisse ma conscience et celle des Comices parfaitement tranquilles. J'ai cité les découvertes de MM. Delavau, Dubrunfaut et Lenoir, sur l'abaissement du degré des moûts de distillation, découvertes vulgarisées dans ces derniers temps par l'honorable docteur Guyot. Il m'eût été facile d'ajouter le nom d'un autre auteur dont les expériences récentes ont confirmé ces découvertes. Quant au moyen d'épuiser les marcs, j'ai simplement indiqué les lavages méthodiques en trois cuviers, décrits dès 1835 par M. Audouard dans des ouvrages spéciaux et appliqués par M. Bouscasse, à la ferme-école de Puilboreau, au moment le plus favorable à cette opération, ainsi que je le démontrerai plus loin.

C'est derrière ces hommes de science, derrière ces praticiens habiles que je me suis abrité, me bornant à exposer leurs méthodes, ainsi que la nécessité de mettre ces méthodes en parallèle, de les expérimenter et de les combiner dans l'intérêt des progrès agricoles. Voilà mon rôle et le but qu'il s'agissait d'atteindre.

Ce point établi, je constate que, dans son nouvel article, M. le marquis de Dampierre veut bien accorder quelque côté sérieux aux travaux des auteurs qui ont recommandé l'abaissement de la densité des moûts destinés à la distillation. S'il avait porté une égale attention sur les anciens procédés de vinification du pays, peut-être reconnaîtrait-il aussi que l'emploi de l'eau sur la vendange non altérée, dans lequel il résume l'invention de MM. Petit et Robert, n'est pas un fait nouveau; qu'il constitue, au contraire, une des pratiques les plus anciennes du pays et le seul moyen d'épuisement des marcs de raisins blancs auquel puissent avoir recours les petits propriétaires dépourvus de pressoirs.

Il apprendrait que ces petits propriétaires, après avoir piétiné le raisin blanc dans leur cuve et laissé écouler tout le moût de goutte, introduisaient dans leur vendange, comme ils le font encore aujourd'hui, une certaine quantité d'eau qu'ils avaient soin de ne pas laisser fermenter avec le marc, afin d'éviter de donner au liquide un goût d'âcreté désagréable. Le moût ainsi abaissé était retiré au bout de peu de temps et passé sur un marc rouge, où il fermentait et acquérait une couleur et un goût plus agréables au consommateur.

Ce moût, qui n'est autre chose que le vin de macération de MM. Petit et Robert, a le nom particulier de vin de *pagnole*, parmi les gens de la campagne qui sont réduits à le produire. C'est en vain que, par des explications embrouillées, on chercherait à le confondre avec les boissons fermentées au contact du marc. L'équivoque sur les mots ou sur l'ancienneté de la méthode ne résisterait pas aux témoignages unanimes des gens de la campagne, s'il était utile d'y avoir recours.

Ce fait admis, à quoi sert donc la longue argumentation de M. le marquis de Dampierre au sujet des recherches expérimentales de M. Dutrochet sur l'endosmose et sur l'exosmose? Qui donc en conteste la valeur, pour qu'il soit besoin de rechercher ce qu'en pense le monde savant? N'est-ce pas déplacer la question? Qu'il y ait ou non endosmose et exosmose dans les opérations de MM. Petit et Robert, en quoi ces opérations différeront-elles des anciennes méthodes des petits propriétaires du pays; en quoi l'explication scientifique, à laquelle mes adversaires s'attachent comme à leur planche de salut, changera-t-elle le résultat final?

Ici, comme en bien des circonstances, la pratique et le fait auraient devancé la science, qui ne serait venue que plus tard donner les explications et calculer les résultats.

Si les paysans saintongeais ont fait longtemps et sans le savoir de l'endosmose et de l'exosmose, l'expérience ingénieuse de M. Dutrochet aura pu les instruire; mais elle n'aura certes rien ajouté aux avantages qu'ils retiraient de leurs anciennes pratiques, ni modifié le phénomène sur lequel repose la découverte de M. Delavau. Dans l'espèce qui nous occupe, cette analyse de phénomènes de capillarité ne donnera lieu à aucune application nouvelle, à aucun phénomène nouveau, à aucun produit meilleur ou autre, et à aucun avantage qui ne soit déjà connu. Elle pourra jeter de la lumière sur une pratique ancienne; mais cette pratique restera avec sa date et son caractère spécial, sans qu'il soit possible à mes adversaires d'étayer sur des opérations semblables les bases d'un brevet sérieux. Il leur resterait encore à prouver contre moi la contrefaçon d'un appareil qui ne leur appartient pas et dont je ne me suis pas servi, et d'un système qui est l'opposé de celui que je pratique.

Voyons, en effet, ce qu'il y a au fond du système de mes adversaires.

Quand on a, comme MM. Petit et Robert, la prétention de faire simultanément, avec une vendange qui a gardé son jus, deux opérations qui s'excluent, une élévation de densité de moût et un épuisement de marc, on les fait l'une et l'autre incomplètes : En réalité, on abaisse un peu la densité de la masse du moût avec une faible quantité d'eau; mais cette eau est insuffisante pour produire l'épuisement complet du marc. C'est ce qu'ont prouvé les expériences du Comice de Saintes, en 1863, où l'on avait cependant employé trois fois plus d'eau que n'indiquait le brevet. C'est ce que vient de démontrer encore une récente expérience comparative, alors qu'un autre marc, rapidement pressé et soumis, avec une quantité d'eau convenable, aux trois lavages méthodiques de MM. Audouard et Bouscasse, n'a donné à l'analyse ultérieure aucun reste d'alcool. Je dois ajouter, en outre, que l'eau-de-vie faite avec le produit de ces trois lavages a été trouvée très bonne, et qu'un dégustateur exercé n'a pu en découvrir l'origine.

Si le système de MM. Petit et Robert n'épuise pas complètement les marcs, tandis que celui de MM. Audouard et Bouscasse arrive à ce but en produisant de bonne eau-de-vie, que faut-il en conclure, si ce n'est qu'on s'est beaucoup trop pressé à Paris, sur la foi de renseignements insuffisants, de conclure que le système de mes adversaires *supprime les eaux-de-vie de marc et les remplace par une quantité supérieure d'eaux-de-vie fines*?

Cette phrase qui se trouve textuellement reproduite, comme l'indice d'une préoccupation constante et unique, dans le certificat de la Société d'encouragement, dans les deux rapports présentés à cette Société, et dont il faut chercher l'origine dans la lettre de M. A. de Dampierre, que vaut-elle dans son affirmation si absolue? Sur quoi repose-t-elle? Dans les expériences de Plassac, a-t-on analysé le marc? a-t-on fait des lavages comparatifs de marcs pressés?

Si elle est vraie pour la méthode d'épuisement de MM. Audouard et Bouscasse, peut-elle être acceptée dans le sens général que paraît indiquer le certificat de la Société d'encouragement?

Si le lavage avant fermentation est le moyen d'obtenir l'épuisement complet des marcs de raisins blancs, ce procédé peut-il être appliqué à l'épuisement des marcs de raisins rouges qui ont fermenté avec le moût et ont absorbé de l'alcool? Évidemment non; et, dans ce cas, la distillation directe du marc deviendra indispensable pour suppléer à l'impuissance des lavages. Les eaux-de-vie de marc des raisins rouges de Bourgogne et du Midi, dont la Société d'encouragement proclamait la disparition, continueront donc, malgré cet arrêt de proscription, à porter dans le commerce leur arome désagréable.

J'ai parlé du lavage avant fermentation des marcs pressés. M. le marquis de Dampierre se montrerait-il favorable aux priviléges du brevet au point d'assigner aux pressurages du pays une durée qui n'est plus dans les pratiques actuelles, et d'interdire tout lavage de marc pressé avant le moment, difficile à déterminer, où la fermentation commencerait à se faire sentir? Attribuerait-il à MM. Petit et Robert le droit de fixer aux propriétaires après quels délais il leur serait permis de procéder au lavage de leurs marcs pressés?

On pourrait réellement croire à de telles prétentions, empruntées à des époques lointaines, en voyant M. le marquis de Dampierre contester à M. Bouscasse le fruit de ses expériences et de ses ingénieux essais. Mais M. le marquis de Dampierre se méprend évidemment quand il parle des difficultés anciennes que M. Bouscasse a eues à ce sujet avec la Société d'agriculture de La Rochelle, qu'il préside aujourd'hui. Qui, en effet, a nié la différence des pratiques de M. Petit et de M. Bouscasse, puisque le premier emploie l'eau avant le pressurage et le second après cette opération? Les procès-verbaux de la Société qu'on a cités établissent-ils autre chose que cette différence matérielle? Tel n'était pas au fond l'objet de la réserve que M. Bouscasse fit insérer dans le procès-verbal de la séance du 30 janvier 1864. Elle avait une tout autre portée et tendait à maintenir, en faveur de cette Société, derrière laquelle sa modestie l'amenait à se placer, la priorité du principe même sur lequel M. Petit basait le mérite de son système. Ce principe était celui d'opérer les lavages méthodiques de la rafle avant toute fermentation.

M. le marquis de Dampierre admire la netteté avec laquelle je dénie la priorité de cette découverte à M. Petit. Qu'il me permette de lui mettre sous les yeux, pour toute réponse, le passage suivant du rapport de l'honorable docteur Jules Guyot, sur la viticulture de l'ouest de la France :

« Depuis de longues années, M. Bouscasse, l'habile directeur de la ferme-école de Puilboreau, s'était préoccupé de l'idée que beaucoup de sucre devait rester attaché à chaque parcelle des marcs ; le fait était certain, puisque les marcs fermentés donnaient de l'esprit, mais il songeait, lui, à s'emparer du sucre avant qu'il fût transformé en esprit. Il savait fort bien qu'après l'esprit formé, les rafles, les pellicules, les pepins s'en empareraient, et pour le leur arracher tout entier il ne fallait rien moins que distiller le marc lui-même, ce qui exige l'emploi d'appareils spéciaux et donne, de plus, des eaux-de-vie empyreumatiques. Dans cette intelligence parfaite des phénomènes, M. Bouscasse sentait qu'en lavant les marcs avant toute fermentation on obtiendrait la totalité des sucres qu'ils retiennent; que de ces sucres des marcs, fermentés à part, on aurait tout l'esprit et un esprit aussi pur que celui du moût de raisin. M. Bouscasse était en pleine vérité. »

Faut-il ajouter que les essais de M. Bouscasse datent de 1852; qu'ils ont produit, dès 1858, la lumière dans son esprit; que, depuis cette époque, sa méthode a été publiquement pratiquée et enseignée par lui à la ferme-école; qu'elle se trouve rappelée, en 1861, dans une correspondance de M. le docteur Guyot, avec la mention du point important qui la distingue? M. le marquis de Dampierre a-t-il oublié que le jury de la prime d'honneur de la Charente-Inférieure, en accordant, en 1866, à M. Bouscasse, cette haute récompense, a signalé ses méthodes d'épuisement complet des marcs de raisin, et que le jury de l'Exposition universelle vient d'accorder à ses eaux-de-vie une médaille d'argent?

M. Bouscasse a protesté et proteste encore contre les prétentions de M. Petit à la priorité de sa découverte; mais, ce point établi, il ne saurait convenir ni à son caractère ni à sa position de directeur d'une ferme-école de poursuivre, par la voie judiciaire, la propriété exclusive des méthodes qui forment depuis longtemps l'un des objets de son enseignement public.

Pendant que M. le marquis de Dampierre semblait si heureux de citer les procès-verbaux de la Société d'agriculture de La Rochelle, il aurait dû ne pas oublier, à la date du 14 janvier 1866, le procès-verbal suivant, que je recommande à son attention, car il pourrait servir de réponse à toute cette partie de son argumentation :

« La Société d'agriculture de La Rochelle ayant été informée que des poursuites étaient dirigées par MM. G. Petit et Robert aîné, de Saintes, en vertu de leur brevet d'invention d'un système d'extraction du moût des raisins blancs et rouges, contre les propriétaires de vignes qui traitent leur vendange par l'eau,

« Déclare :

« Qu'en décernant une médaille d'or à MM. G. Petit et Robert aîné, à la suite des expériences faites à La Rochelle, le 15 janvier 1864, elle n'a eu pour but que de récompenser le résultat d'un procédé qui paraissait bon, et de signaler à l'attention des propriétaires de vignes l'avantage qu'il y a à traiter la vendange par l'eau, pour en obtenir des vins destinés à la distillation ; mais sans préjuger en rien la question de priorité que MM. G. Petit et Robert aîné peuvent avoir dans le principe sur lequel repose leur système.

« La Société n'entend, en aucune manière, encourager MM. G. Petit et Robert aîné dans les conséquences de leur brevet. »

Maintenant faut-il suivre M. le marquis de Dampierre

dans sa querelle avec le Comice de Jonzac et son honorable président, et lui demander où il a pris les éléments de ce récit fantaisiste, à l'aide duquel il espère infirmer d'avance le résultat d'expériences conduites avec autant d'exactitude que de loyauté? Quoi! parce que le bureau général du Comice lui a préféré, dans la commission des expériences, des distillateurs expérimentés, des hommes d'une pratique éprouvée, voilà que M. le marquis de Dampierre imagine je ne sais quelle machination à son égard. Il fait une affaire du retard accidentel d'une lettre de convocation, retard expliqué depuis lors, et qui rigoureusement n'aurait pas empêché le destinataire d'assister au commencement d'expériences qui ont duré trois jours consécutifs; et il ne se doute pas, pendant qu'il étaie une histoire sur cet incident, que cet auxiliaire courroucé, sur lequel il croit compter, assiste paisiblement aux expériences finales, aux opérations de la distillation.

Mais M. le marquis de Dampierre ne s'en tient pas là, il ne se contente pas de m'interdire de répondre à l'appel du bureau du Comice et de l'entretenir d'expériences qui ont porté sur des quantités doubles de celles sur lesquelles il a opéré : il lui faut nier jusqu'à mon titre de membre du Comice, sans se douter que mon nom figure parmi les souscripteurs importants. M. le marquis de Dampierre peut se retirer avec bruit du Comice, dont il ne faisait partie que depuis quelques jours; mais il ne lui appartient pas d'en exclure à sa convenance les membres les plus assidus.

Il ne se trompe pas moins, lorsqu'il m'accuse d'avoir copié, chez un de leurs concessionnaires, l'appareil de MM. Petit et Robert. Ce prétendu concessionnaire n'est autre que M. le docteur Menudier, chez lequel ont eu lieu les expériences de 1863. Si M. le marquis de Dampierre était plus au courant des choses dont il parle, il saurait que ce prétendu concessionnaire n'a payé nulle redevance à MM. Petit et Robert; qu'il a renvoyé, après les vendanges de 1864, à ces industriels, leur appareil suffisamment jugé par les essais de cette campagne; que, loin de porter la densité de ses moûts au degré gleucométrique le plus élevé, comme le conseillent MM. Petit et Robert, il cherche, au contraire, par des principes opposés et dans un but différent, à les abaisser au degré le plus favorable à leur prompte et complète fermentation. Ce concessionnaire imaginaire descend la densité de ses moûts au moyen de ses vaisseaux vinaires ordinaires et d'une quantité d'eau suffisante, à 6 1/2 degrés, et se procure ainsi une eau-de-vie de meilleure qualité.

Si une pareille méthode n'est pas l'affaire de MM. Petit et Robert, comme ils l'ont écrit à M. le docteur Guyot, en 1865, que devient donc alors cette accusation de contrefaçon qui m'est si facilement adressée par M. le marquis de Dampierre, pour des opérations qui tendent au même but?

Je termine : Des récits inexacts et de grands mots ne prouvent rien, si ce n'est la passion ou le désir de détourner l'attention. On peut ainsi déguiser le vide d'un argument ou se ménager une retraite; mais on ne parvient pas à donner au pays, dont la conscience n'est nullement émue par ce qu'il voit ou entend, le change sur ses véritables intérêts, et à empêcher que la vérité se fasse jour jusqu'à lui par la voix de ses Comices.

Je ne laisserai aucune attaque nouvelle de M. le marquis de Dampierre sans réponse; mais il doit comprendre, au point où en est le débat, que le public a droit à des égards, et qu'en prolongeant une discussion que la pratique va trancher et qui n'a d'importance que celle qu'on veut bien lui prêter, on s'exposerait à les méconnaître sérieusement.

Veuillez agréer, etc.

ESCHASSÉRIAUX.

www.ingramcontent.com/pod-product-compliance
Lightning Source LLC
LaVergne TN
LVHW012019160826
845678LV00002B/909

* 9 7 8 2 3 2 9 6 6 0 2 4 0 *